北京市地震局
北京市科学技术委员会

防震减灾

科普知识读物

图书在版编目（CIP）数据

防震减灾科普知识读物/北京市地震局，北京市科学技术委员会主编.
——北京：地震出版社，2013.11（2024.11重印）
ISBN 978-7-5028-4348-9

Ⅰ.①防… Ⅱ.①北… ②北… Ⅲ.①防震减灾-普及读物
Ⅳ.①P315.9-49

中国版本图书馆CIP数据核字（2013）第227919号
地震版 XM5909/P(5037)

防震减灾科普知识读物
北京市地震局 北京市科学技术委员会
责任编辑：赵月华
责任校对：孔景宽 凌樱

出版发行：地震出版社
北京民族学院南路9号 邮编：100081
发行部：68423031 68467991 传真：68467991
总编室：68462709 68423029
E-mail：seis@mailbox.rol.cn.net
http://seismologicalpress.com

经销：全国各地新华书店
印刷：河北文盛印刷有限公司

版（印）次：2013年11月第一版 2024年11月第八次印刷
开本：889X1194mm 1/32
字数：32千字
印张：1.25
书号：ISBN 978-7-5028-4348-9
定价：10.00元

本书编委会

主编　黄雨蕊

编委　常　越　刘彦锋　郑轶文

　　　赵希俊　刘锡大　陈廷礼

　　　王月龙　王德立　张宏艳

前言

中国是世界上地震活动强烈和地震灾害严重的国家之一。统计表明，世界上约３５％的７级以上大陆地震发生在中国；20世纪全球因地震死亡的120万人中，中国占59万。另外，中国有1/3以上的国土、近1/2的城市、近2/3百万以上人口的特大城市位于Ⅶ度以上的高地震烈度区。

目前，**地震预报**仍是世界性科学难题，要把地震灾害损失减少到最低程度，就必须加强防震减灾科普知识的宣传教育，把防震减灾知识的普及纳入国民教育，纳入科技、文化、卫生“三下乡”活动，纳入全社会科普活动中，有效提高全民防灾意识、知识水平，提升全民防震减灾科学素质和避险自救能力，提升整个社会的灾害防御水平，形成全社会共同防御地震灾害的局面。

我们编写本书的初衷，就是希望为广大普通民众提供一本图文并茂的科普读物，让大家了解一些与地震相关的知识，学习掌握一些防灾避险常识和自救互救技能，提升大家的防灾意识。让民众在面对灾难时，不再盲目无知，不再惊慌失措，最大程度保障生命安全，使全社会科学、有效地防御地震灾害，促进社会和谐稳定发展。

编者

目录

目录

第一章　认识地球

1 地球和地质作用

地球照片

地球是太阳系从内到外的第三颗行星，也是太阳系中直径、质量和密度最大的类地行星。

地球的赤道半径约6378千米、极半径约6357千米、平均半径约6371千米、赤道周长4万千米。地球表面积是5.1亿平方千米。

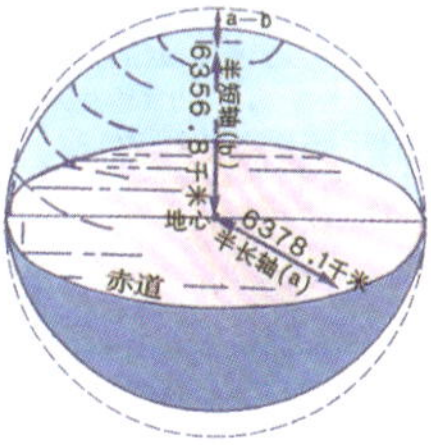

地球的半径

地球表面主要是由大洋和大陆组成。大陆面积为1.49亿平方千米，而海洋面积为3.61亿平方千米，大洋面积占地表的70%以上。大陆在地表分布不均，北半球有47%的陆地和53%的海洋，又称陆半球；南半球有11%的陆地和89%的海洋，又叫水半球。

北半球

南半球

地球从形成到现在大约经历了45～60亿年。在这漫长的地质演变的进程中，它一直处在永恒的不断运动之中，其成分和构造时刻都在变化着。过去的大海经过长期的演变而成陆地、高山；陆地上的岩石经过长期日晒、风吹雨淋被逐渐破坏粉碎，脱离原岩而被流水携带到低洼处沉积下来，结果高山被夷为平地。海枯石烂、沧海桑田，地壳面貌不断地改变，才逐渐形成了今天的外形。由自然动力引起地壳或岩石圈，甚至地球的物质组成、内部结构和地表形态变化和发展的自然作用，统称为地质作用。

有些地质作用进行得很快、很激烈，如山崩、地震、火山喷发等，可以在瞬间发生，造成地质灾害；有些地质作用进行得十分缓慢，不易被人们所察觉。

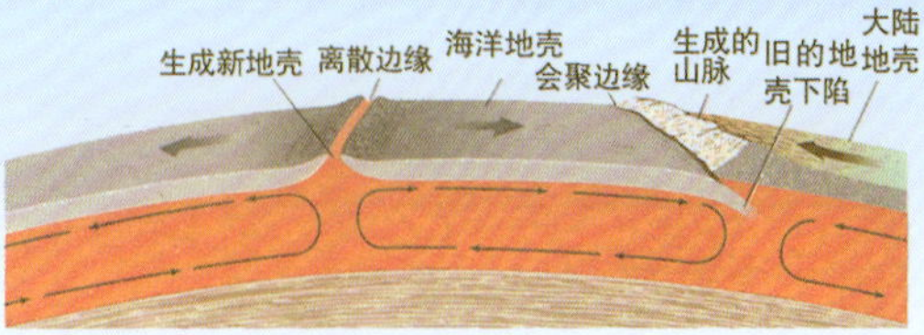

地球外部的地质演变

2 地球的构造

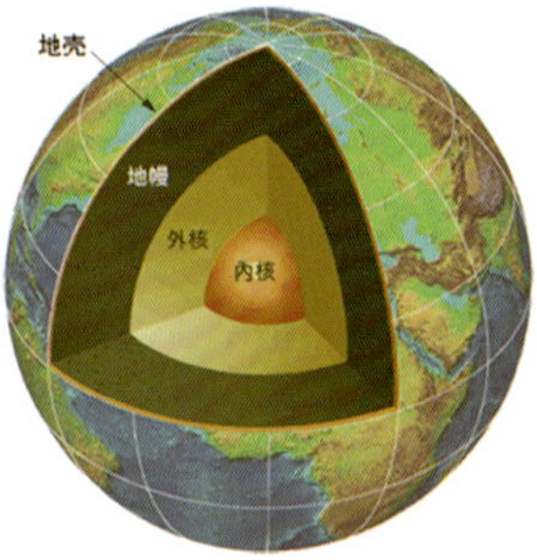

地球的外貌我们可以看得见，有陆地、有海洋，有高山、有平原……然而，地球的内部是什么样子的呢？

利用地震波，科学家已基本摸清地球内部的结构组成，并根据不同深度的理化性能等，把地球分为地壳、地幔和地核三个部分（其中，地核又分为内核和外核）。

地壳，是地球最外面的一层。如果把整个地球比作一个蛋，那么地壳就相当于蛋壳。地壳是岩石圈的重要组成部分，可以用化学方法将它与地幔区别开来。其底界为莫霍洛维奇不连续面（简称“莫霍面”）。整个地壳平均厚度约17千米，其中大陆地壳厚度较大，平均为33千米。高山、高原地区地壳更厚，最高可达70千米；平原、盆地地壳相对较薄。大洋地壳则远比大陆地壳薄，厚度只有几千米。地壳是地球固体圈层的最外层，由火成岩、沉积岩和变质岩等各种各样的岩石组成。

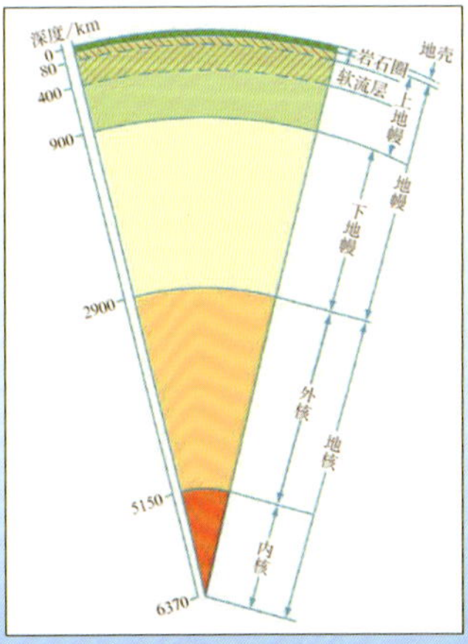

地幔，是地壳和地核之间的中间层，即从地壳向下到约2900千米深的地方。它相当于鸡蛋的蛋白部分。地幔主要是由铁和镁的硅酸盐类组成，呈固态状，但又有可塑性，好像沥青一样：在短时间内，有一定的形状；但如果放久了，就会变形。

地核，是地球的中心部分。它相当于蛋黄。地核可以分外核和内核两部分：外核厚约2213千米，呈液态状，由液态镍铁组成；内核厚约1300千米，呈固态，由固态镍铁组成。

在**地球**的内部，越往深处，温度越高。在33千米处，温度约有1000℃；在100千米深的地幔中，温度将会升高到1400℃；而在地心，温度可高达5000℃。

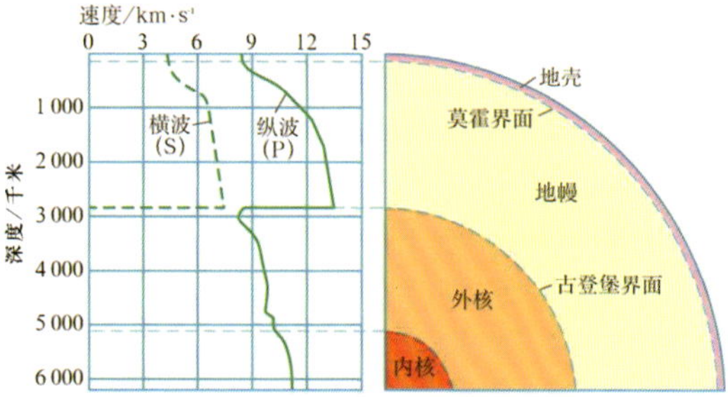

3 地质年代

地壳上不同时期的岩石和地层被称为地质年代。地质学家和古生物学家根据测出岩石中某种放射性元素及其蜕变产物的含量而推算出岩石生成后距今的实际年数。根据地层自然形成的先后顺序，将地层分为5代，即太古代、元古代、古生代、中生代和新生代。每个代又划分若干纪，古生代分为寒武纪、奥陶纪、志留纪、泥盆纪、石炭纪和二叠纪等；中生代分为三叠纪、侏罗纪和白垩纪等；新生代有第三纪、第四纪等。

代	纪	世	距今年龄（百万年）	进化和发生的重要事件
新生代	第四纪	全新世 更新世	1.6	近代哺乳动物出现
	新近纪	上新世 中新世	23	很多哺乳动物出现
	古近纪	渐新世 始新世 古新世	65	高山地壳变动形成阿尔卑斯山脉、喜马拉雅山脉和洛基山脉
中生代	白垩纪		135	恐龙灭绝
	侏罗纪		208	恐龙盛世 鸟类出现
	三叠纪		250	恐龙和哺乳动物出现
古生代	二叠纪		290	昆虫出现，两栖动物发展迅速
	石炭纪		362	爬行动物出现
	泥盆纪		409	高等鱼类出现
	志留纪		439	最早的陆地植物出现
	奥陶纪		510	原始鱼类和无脊椎动物出现
	寒武纪		570	三叶虫广泛分布
元古代	前寒武纪		2500	蕨类出现 最早的水母和蠕虫出现
太古代			4000	原始生命出现（细菌和蓝藻）

4 大陆漂移学说与版块构造

地球的表面，是由厚度大约为100～150千米的巨大板块构成。全球岩石圈可分成六大板块，即太平洋板块、印度洋板块、亚欧板块、非洲板块、美洲板块和南极洲板块。其中只有太平洋板块几乎完全在海洋之中，其余板块均包括大陆和海洋。板块与板块之间的分界线是海岭、海沟、大的褶皱山脉和大断裂带。

地球表面的板块就像冰山在海洋中一样飘浮在玄武岩质基底上，进行非常缓慢的移动。大部分陆地或者全部大陆都在板块之上。所以当板块运动的时候，各个大陆之间就表现出了相对运动状况，这被称为大陆漂移。

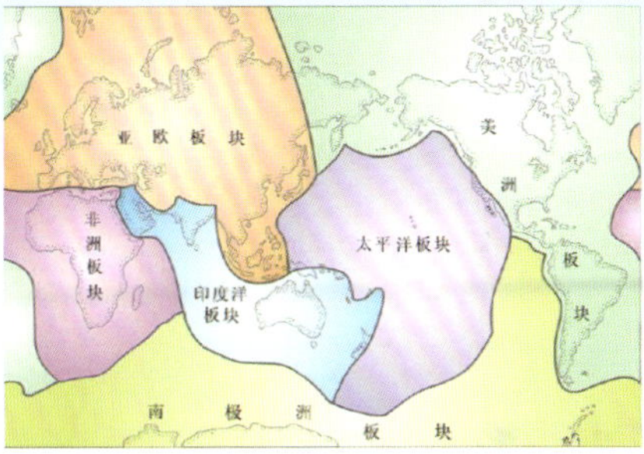

大陆漂移的设想是由德国气象学家兼地质学家魏格纳最初于1915年提出的。大陆漂移说认为，地球上所有大陆在中生代以前曾经是统一的巨大陆块，称之为泛大陆或联合古陆。中生代开始，泛大陆分裂并漂移，逐渐达到现在的位置。

板块间最常发生的运动方式是互相碰撞（聚合板块界线），碰撞时的强大力量常使地层发生抬升、倾斜或褶皱等现象，造成高大的山脉。与褶皱运动同时发生的，还有大规模的逆断层及其他断层作用。有时伴有火成岩的入侵和变质作用发生，一般称为“造山运动”。有时也会产生岩浆，产生火山活动，造成一系列的火山现象。地震活动和造山运动的关系是非常密切的。

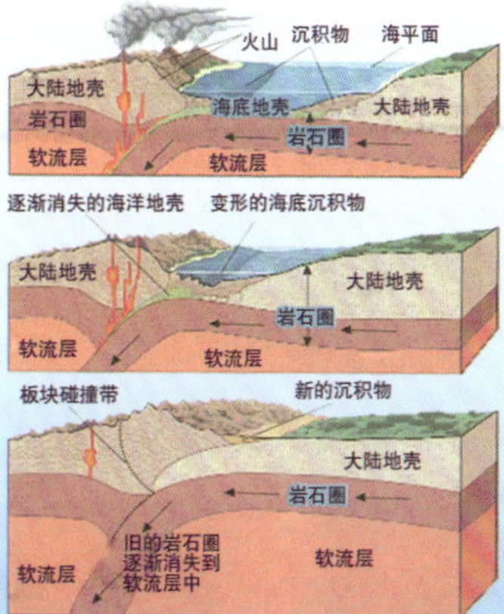

5 火山活动

通常，岩浆沿着一些通道上升到地表形成的喷出物，围绕各种不同形状的喷出口形成的山丘，就是人们常说的火山。火山是炽热地心的窗口，是地球上最具爆发性的力量。火山喷发可在短期内给人类的生命、财产造成巨大的损失，它是一种灾难性的自然现象。火山活动的过程常造成许多微小地震，大爆发更可产生强烈地震；地震的发生也常导致火山活动。

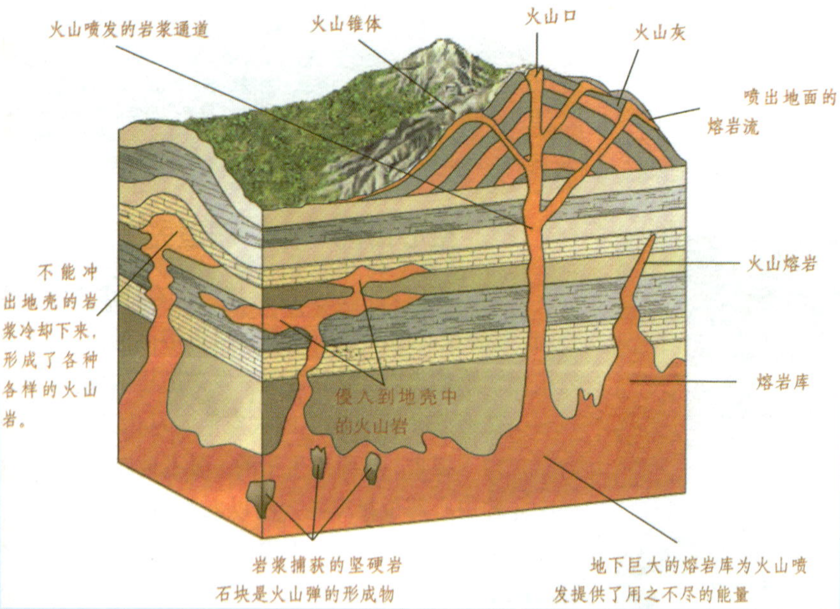

第二章　认识地震

1 地震是一种常见的自然现象

地壳无时不在运动。但一般而言，地壳运动速度缓慢，不易被人们感觉到。在特殊情况下，地壳运动可表现得快速而激烈，那就是地震活动。地震常常引发山崩、地陷、海啸。

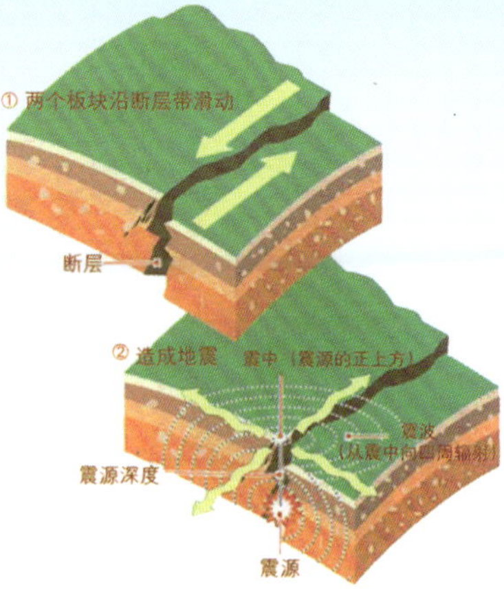

地震就是因地球内部缓慢积累的能量突然释放而引起的地球表层的振动。它是一种经常发生的自然现象，是地壳运动的一种特殊表现形式。强烈的地震会给人类带来很大的灾难，是威胁人类的一种突如其来的自然灾害。

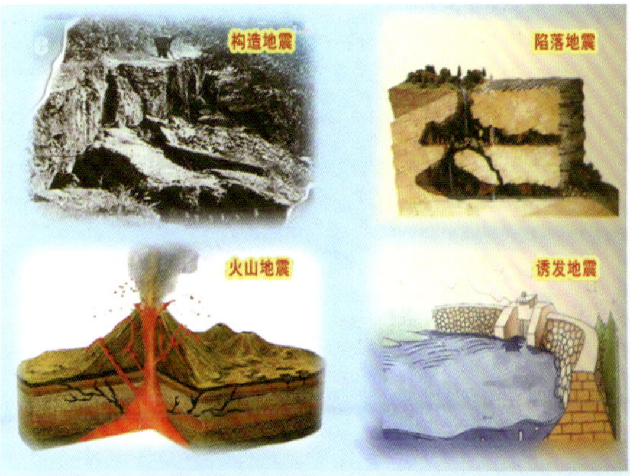

由于引起地壳震动的原因不同，可以把地震分为构造地震、火山地震、陷落地震和诱发地震，等等。**构造地震**是由于岩层断裂，发生变位错动，在地质构造上发生巨大变化的地震，也被称作断裂地震。目前世界上发生的地震，90%左右属于构造地震。

地球上每年大约发生500多万次地震。也就是说，每天都要发生上万次地震。不过，它们之中的绝大多数或震级太小，或发生在海洋中，或离我们太远，我们感觉不到。

对人类造成严重破坏的**地震**，即七级以上地震，全世界每年大约有二十次左右；像汶川那样的**八级特大地震**，每年大约1~2两次。

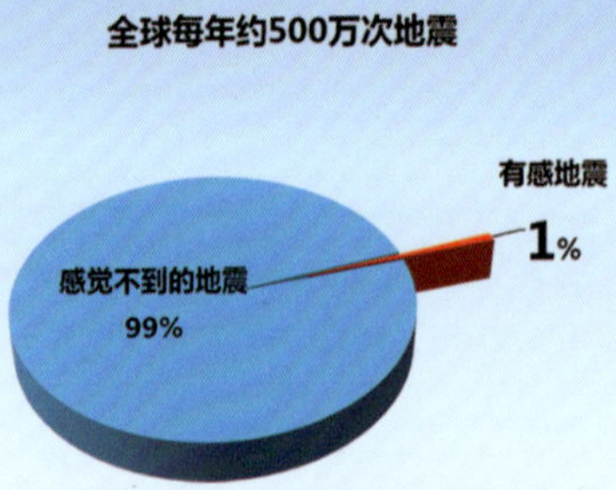

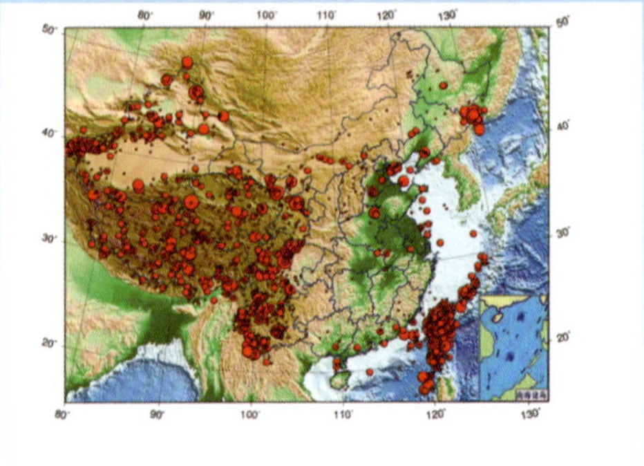

我国近代的地震分布（1900-2010）

由此可见，地震和风、雨、雷、电一样，是地球上经常发生的一种自然现象。

2 地震的几个常用概念

（1）震源

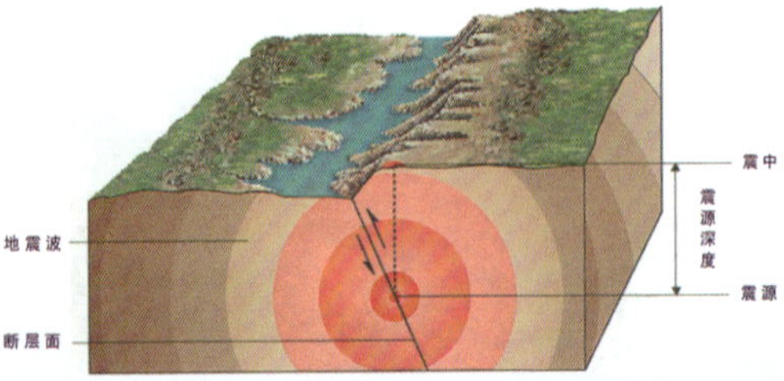

地球内部发生地震的地方叫**震源**，也称震源区。它是一个区域，但相比地球本身的尺度，常把它看成一个点。

（2）震中和震中距

地面上正对着震源的那一点称为震中。实际上，它是一个区域，称为**震中区**。

地面上任何一点到震中的直线距离，称为震中距。震中距的大小，决定了各地区受地震的影响的强弱。震中距越小，所受的影响越大。随着**震中距**的增加，地震造成的破坏逐渐减轻。根据震中距的不同，地震可分为地方震、近震和远震三种。

	震中距
地方震	小于 100 千米
近震	100–1000 千米
远震	大于 1000 千米

（3）震源深度

如果把震源看成一个点，那么这个点到地面的垂直距离就称为**震源深度**。

按照**震源深度**的不同，地震可划分为如下三类：浅源地震、中源地震和深源地震。

有时也将中源地震和深源地震统称为深震。

	震源深度
浅源地震	小于60千米
中源地震	60–300千米
深源地震	大于300千米

（4）地震震级

震级，是指地震的大小，是表征地震强弱的量度，它依据地震仪测定的地震释放的能量多少来确定。**震级**通常用字母M表示。

地震按**震级**大小大致可分为五类：弱震、有感地震、中强震、强震、巨震。

震级相差一级，能量相差大约32倍。

	震级
弱震	小于3级
有感地震	大于3级小于等于4.5级
中强震	大于4.5级小于6级
强震	大于6级 (其中大于8级的为巨大地震)

（5）地震烈度

地震烈度，表示地震对地表及建筑物的影响或损坏程度，是一种宏观尺度。

一次地震只有一个震级，但烈度不止一个。离震中近的地方破坏大，**烈度**高；反之破坏小，**烈度**低。

例如，1976年唐山地震，震级为7.8级，震中**烈度**为Ⅸ–Ⅺ度；受唐山地震的影响，天津市地震**烈度**为Ⅷ度，北京市**烈度**为Ⅵ度，再远到石家庄、太原等就只有Ⅳ～Ⅴ度了。

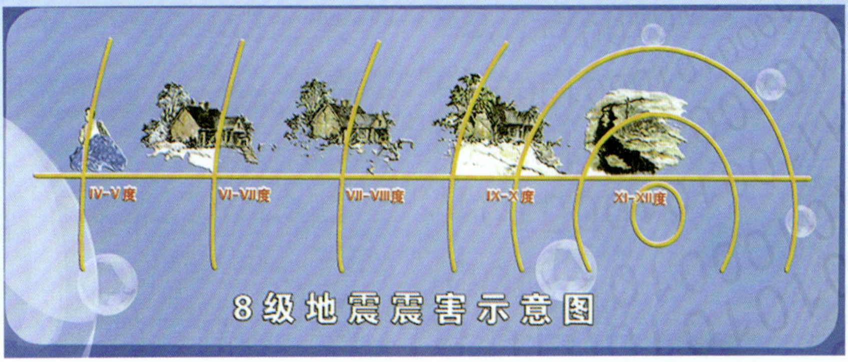

8级地震震害示意图

中国**地震烈度表**按照地震时的人的感觉、地震所造成自然环境的变化和建筑物的破坏程度，分为**12度**，作为判断地震强烈程度的一种宏观判据。

3 地震波

地震时，振动在地球内部以弹性波的方式传播，因此被称作地震波。这就像把石子投入水中，水波会向四周一圈一圈地扩散一样。

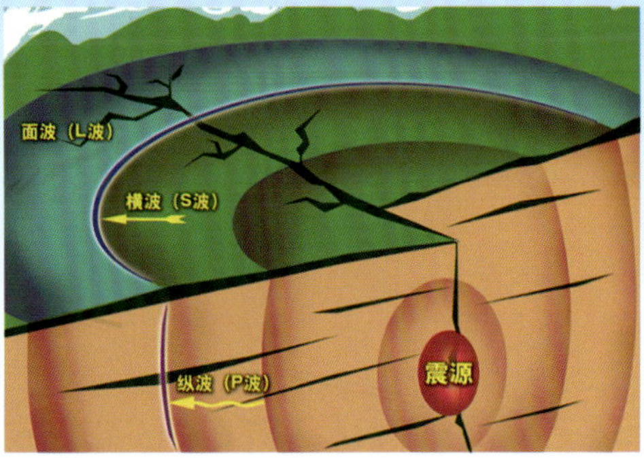

地震波按传播方式分为三种类型：纵波、横波和面波。

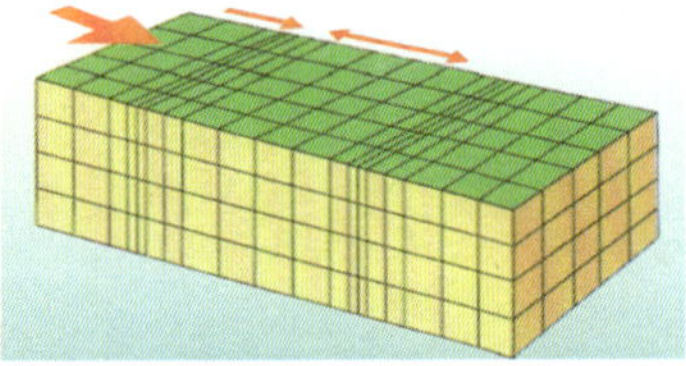

纵波是推进波，振动方向与传播方向一致，地壳中传播速度为5.5~7.0千米/秒，最先到达震中，又称P波，它使地面发生上下振动，破坏性较弱。

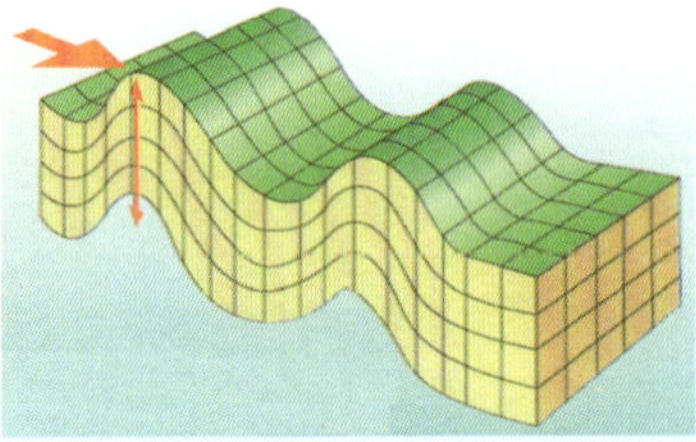

横波是剪切波，振动方向与传播方向垂直，在地壳中的传播速度为3.2～4.0千米/秒，又称S波，它使地面发生水平向振动，破坏性较强。

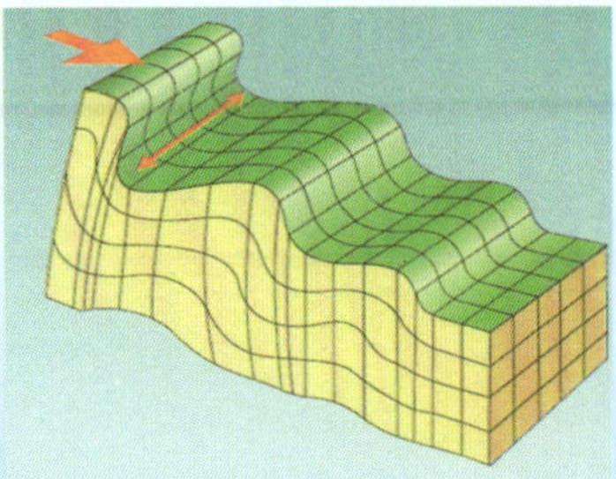

面波又称L波，是由纵波与横波在地表相遇后激发产生的混合波。其波长大、振幅强，沿地表传播，也是造成建筑物强烈破坏的主要因素。

4 地震带

地震带就是地震发生比较集中的地带，一般被认为是未来可能发生强震的地带。地震带常与一定的地震构造有密切关系。

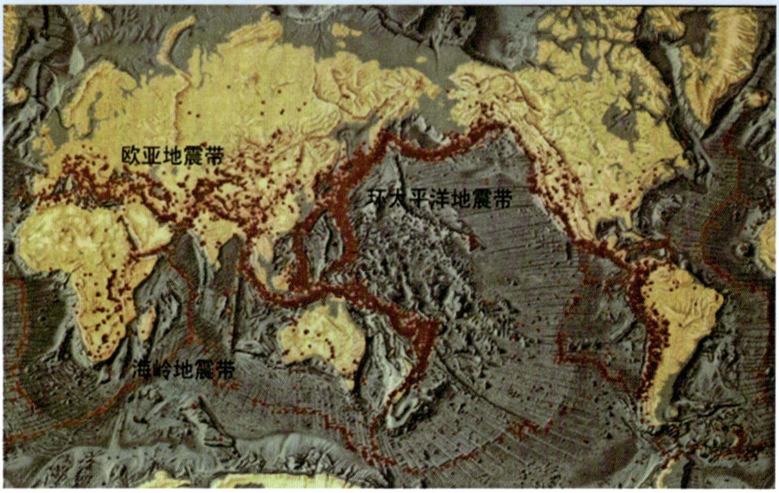

从世界范围看，地震主要集中分布在三大**地震带**上：①环太平洋地震带；②欧亚地震带；③海岭（大洋中脊）地震活动带。

在世界不同的区域，又可划分出次一级的**地震带**。根据研究结果，将中国及邻近地区划分为**7个地震区**23个地震带。

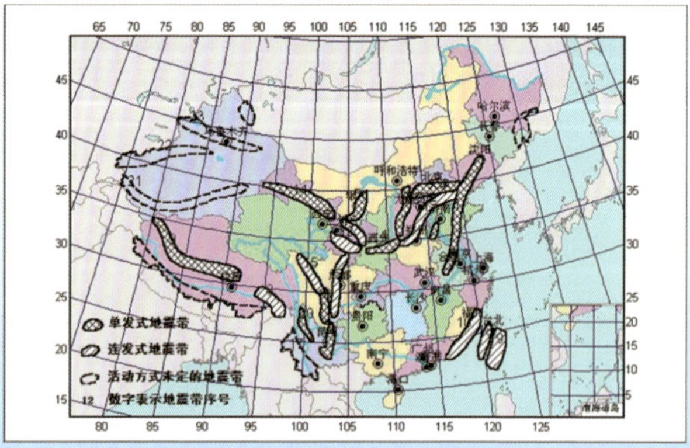

5 断层和活断层

地壳岩层因受力达到一定强度而发生破裂，并沿破裂面有明显相对移动的构造称为**断层**。地震往往是由断层活动引起，地震又可能造成新的断层发生。所以，**地震与断层的关系十分密切**。

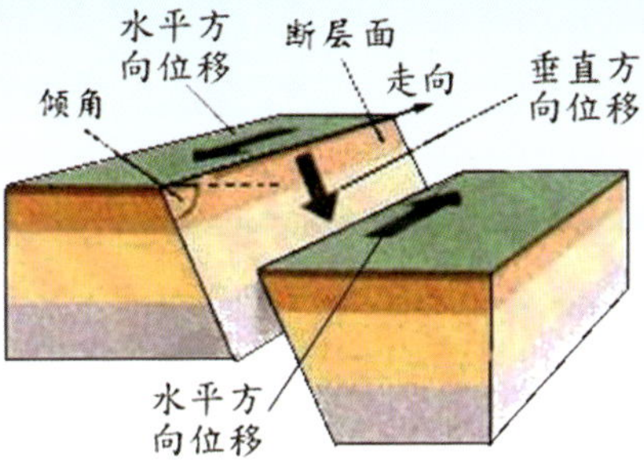

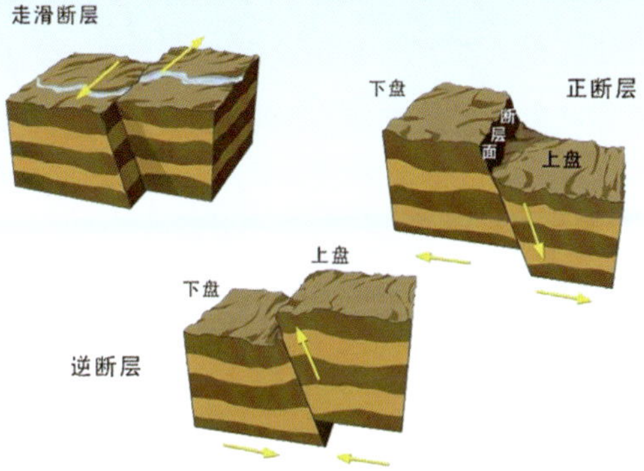

岩石发生相对位移的破裂面称为**断层面**。根据断层面两盘运动方式的不同，大致可分为**正断层**（上盘相对下滑）、**逆断层**（上盘相对上冲）和**走滑断层**（又称平移断层，两盘沿断层走向相对水平错动）三种类型。

与地震发生关系最为密切的，是在现代构造环境下曾有活动的那些断层，即第四纪以来、尤其是距今10万年来有过活动，今后仍可能活动的断层。这种断层通常被称为“**活断层**”。

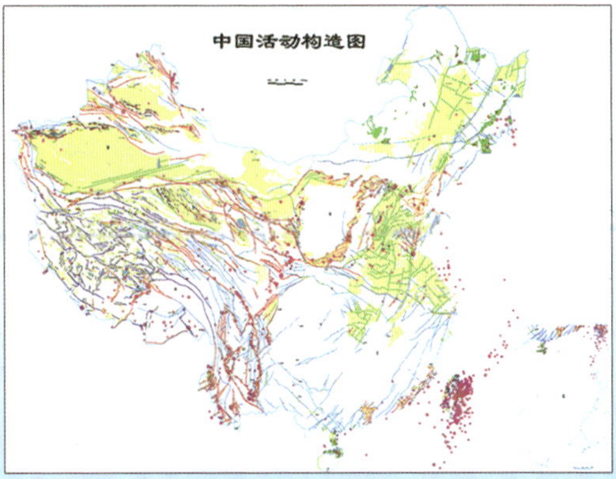

发生在陆地上的断层错动，是造成灾害性地震最主要的原因。

6 地震灾害

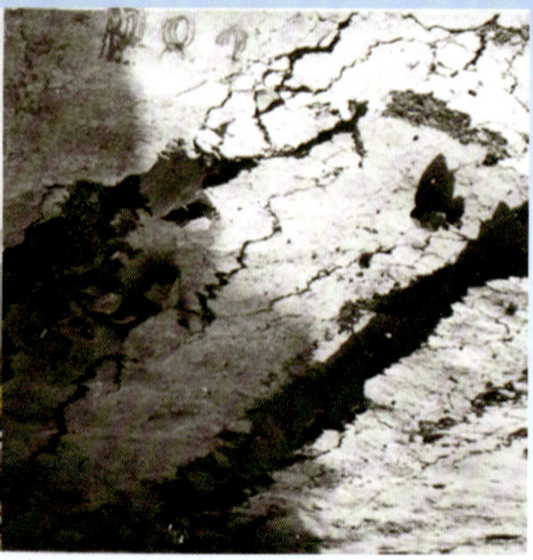

地震灾害是地震对人类社会造成的灾害事件。地震成灾的程度主要取决于地震震级的大小，震源的深浅，震区的地质条件、建筑物的抗震能力、经济发展和人口等因素。一般将地震灾害分为**直接灾害**和**次生灾害**。

地震直接灾害主要有：地面的破坏，建筑物与构筑物的破坏，生命线系统（如交通、通信、供水、排水、供电、供气、输油等）的破坏，山体等自然物的破坏（如滑坡、泥石流等），海啸等。

阪神地震后发生了严重的火灾

地震次生灾害是指直接灾害发生后，破坏了自然或社会原有的平衡或稳定状态，从而引发出的灾害。主要有火灾、水灾、毒气泄漏、瘟疫等。其中火灾是次生灾害中最常见、最严重的。1995年1月17日，日本阪神发生7.2级地震后，发生了严重的火灾，经济损失约1000亿美元。

7 我国地震灾害的特点

我国地震灾害的特点是：地震大、频度高、灾害重。

我国位于欧亚大陆的东南部，东部受环太平洋地震带的影响，西南和西北又都处于欧亚地震带上，因而自古以来就是一个多地震的国家，拥有长达2000多年的关于地震记载的史料。

有记载以来，除贵州、浙江外，我国的其他省份都发生过6级以上地震；60%的省份发生过7级以上的地震。

序号	日期	地点	震级	经济损失（亿元人民币）
1	2008.05.12	四川汶川	8.0	8451
2	1976.07.28	河北唐山	7.8	100
3	1996.02.03	云南丽江	7.0	40
4	1988.11.06	云南澜沧—耿马	7.6	20.5
5	1996.05.03	内蒙古包头	6.4	15
6	1966.03.22	河北邢台	7.2	10
7	1975.02.04	辽宁海城	7.3	8.1
8	1998.01.10	河北尚义	6.2	7.9
9	1989.10.19	山西大同	6.1	4.0
10	1989.04.16	四川巴塘	6.7	3.9
11	1996.03.19	新疆伽师	6.9	3.9

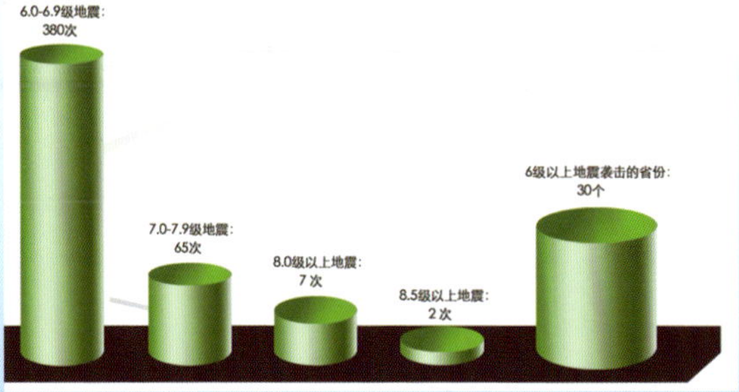

我国地震灾害十分严重。全球大陆地区的大地震中，约有四分之一至三分之一发生在我国。20世纪以来，我国死于地震的人数已达59万人，约占同期全世界地震死亡人数的一半。

第三章 地震观测与地震预报

1 地震监测

地震监测是指对地震活动、与地震相关的前兆现象的监视和测量。可划分如下图所示：

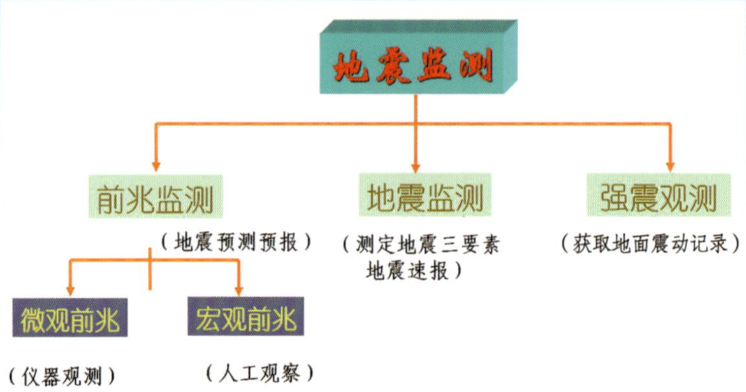

2 我国的地震监测台网和监测能力

根据我国地球物理场特征、地质构造格局和地震危险性分布，参考人口密集程度和经济社会发展水平，我国目前已建立了中央与地方相结合的多学科、多方法、以固定台为主、流动台为辅的地震监测模式。

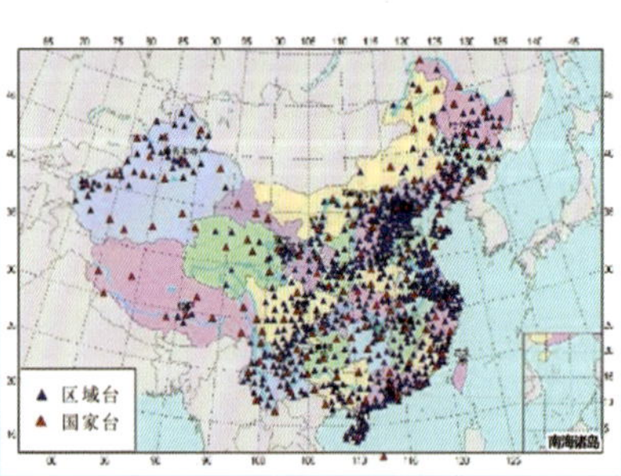

中国观测台网台站分布图

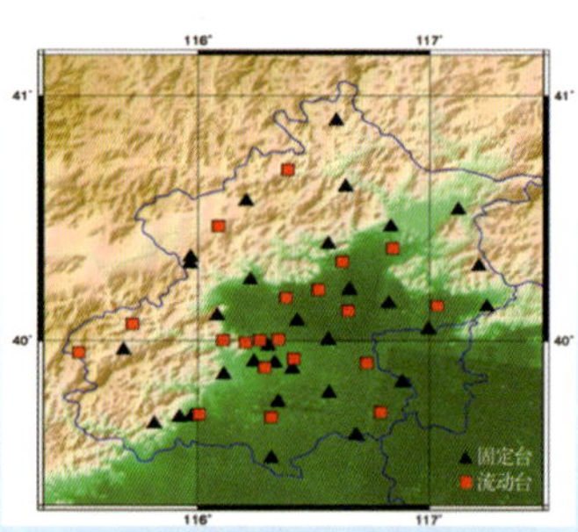

北京市测震台站布局图

我国陆域测震能力普遍已达到2.5级。华北、东北、华中、西北、华东地区基本达到2.0级；首都圈地区可达到1.5级。

3 地震仪

地震发生时所引起的地面振动可通过地震仪来观测。最早的地震仪是后汉张衡发明的，虽然它只能测出地振动的方向，无法记录地振动的过程，但也难能可贵。

张衡

现代地震仪是在20世纪发明的，经过数十年不断的改进，由模拟记录到数字化记录，性能越来越精良。

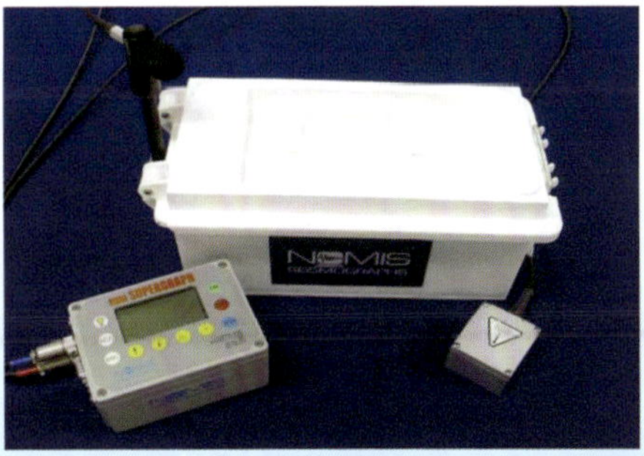

现代数字式地震仪

现代地震仪由三部分组成，即拾震器、记录器和定时器。

4 地震前兆

地震前兆指地震发生前出现的异常现象。岩体在地应力作用下，在应力应变逐渐积累、加强的过程中，可能会引起震源及附近物质发生一些改变，出现如地磁、地电、重力等物理量异常，地下水位、水化学量异常和动物的异常行为等。**地震前兆**异常包括地震微观异常和地震宏观异常两大类。

地震微观异常，即需要地震前兆观测仪器才能记录到的现象。

地震宏观现象，即人的感官能直接觉察到的异常现象。其表现形式多样且复杂。常见的有：地声、地光、喷沙、喷气、冒水、地气味、地气雾，地下水异常、井孔变形，动物行为异常等。

5 地震预报

地震预报是通过对大量地震观测资料的分析研究后，对未来可能发生的破坏性地震做出的预报意见。

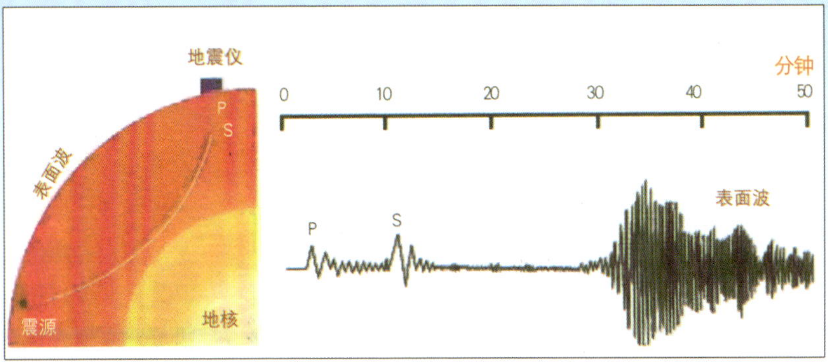

地震预报要指出地震发生的时间、地点、震级，这就是地震预报的三要素。完整的地震预报三个要素缺一不可。

地震预报按时间尺度可作如下划分：

长期预报——是指对未来10年内可能发生破坏性地震的地域预报。

中期预报——是指对未来1～2年内可能发生破坏性地震的地域和强度的预报。

短期预报——是指对3个月内将要发生地震的时间、地点、震级的预报。

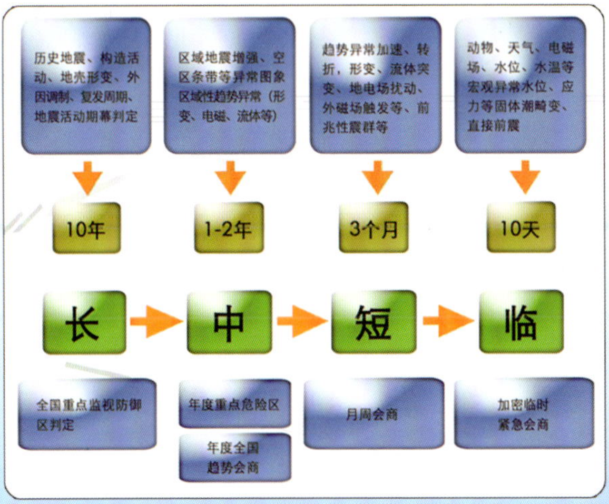

临震预报——是指对10日内将要发生地震的时间、地点、震级的预报。

6 识别地震谣传

地震谣传是指没有任何科学依据的所谓某时某地将要发生地震的传言。**地震谣传**具有很大的危害性，一场范围较大的地震谣传，造成的经济损失可能不亚于一个破坏性地震。

凡“预报”的地震震级很精确，发震时间、地点很具体的传闻很可能是谣传；凡带有封建迷信色彩和离奇古怪传说的地震传闻都是谣传。识别谣传的办法，就是询问当地政府或地震管理部门，或查询地震部门网页信息公告，或收听收看广播电视等媒体信息公告。

在听到**地震谣传**时，要把握如下原则：

一是不要相信；二是不能传播；三是要及时报告。

当听到地震传闻时，要及时向当地政府和地震部门反映，协助地震部门平息谣传。

第四章　地震灾害防御

1 建筑抗震设防的重要性

地震对建筑物的破坏是非常普遍的，而建筑物的破坏会造成大量人员伤亡和财产损失。据统计，地震中95％的人员伤亡均因建筑物破坏所致。因此，为使建筑物具有一定的抗震能力，就必须按抗震设防要求和抗震设计规范进行设计、施工，这是减轻地震灾害的重要措施。

建筑物抗震

唐山大地震中，96％的建筑物彻底摧毁，但仍有4％的建筑物如唐山钢铁厂、建筑陶瓷厂等，因在设计施工中认真采取了抗震措施，经过大地震而安然屹立。事实说明，采取科学的抗震设计和精心施工，是保证建筑物抗震性能的关键。

《中华人民共和国防震减灾法》规定：新建、改建、扩建各类建设工程，必须达到国家规定的有关抗震设防要求。

为了满足一般工程建设的需要，地震科学工作者自20世纪50年代开始编制《中国地震烈度区划图》，并随着实践和认识的不断深入进行了多次修订。

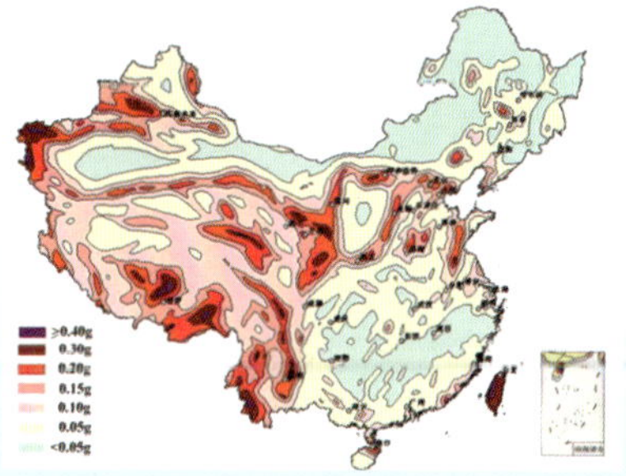

2001年8月1日，吸收了新的、大量的地震基础资料及其综合研究成果，与国际接轨，采用国际上最新的编图方法制定的国家标准《中国地震动参数区划图》（GB18306—2001）颁布实施。它以地震动峰值加速度和地震动反应谱特征周期为指标，将国土划分为不同抗震设防要求的区域。

新建、扩建、改建一般工程的抗震设计和已建一般工程的抗震鉴定与加固，必须按本标准规定的抗震设防要求进行。

对于一些重要或特殊的工程，则须进行地震安全性评价。

地震安全性评价是抗震设防工作的一项重要内容。是一项对工程建设场地进行地震烈度复核、地震危险性分析、设计地震动参数的确定、地震小区划、场址及周围地质稳定性评价及场地震害预测等的工作。其目的是为工程抗震确定合理的设防要求，达到既安全、投资又合理的目的。

2 在抗震设防要求方面的法律法规

抗震设防要求，是指建设工程必须达到的抗御地震破坏的准则和技术指标。

《中华人民共和国防震减灾法》，明确规定，新建、扩建、改建建设工程，应当达到抗震设防要求。

重大建设工程和可能发生严重次生灾害的建设工程，应当按照国务院有关规定进行地震安全性评价，并按照经审定的地震安全性评价报告所确定的抗震设防要求，进行抗震设防。

上述规定以外的建设工程，应当按照国家强制性标准，即中国地震烈度区划图或者地震动参数区划图所确定的抗震设防要求进行抗震设防；对学校、医院等人员密集场所的建设工程，应当按照高于当地一般房屋建筑的抗震设防要求进行设计和施工，采取有效措施，增强抗震设防能力。

3 活断层探测

活断层是第四纪以来，尤其是距今10万年来有过活动，今后仍可能活动的断层。凡有活断层的地区，就存在着发生破坏性地震的潜在危险。

地震破坏建筑物的主要原因，一方面来自地震波传播到地面引起的地面运动，建筑物抵御不了这种巨大运动而遭受破坏；另一方面是断层活动引起的地表错断，直接对地面建筑物造成严重破坏。

活断层对城市建设的影响

开展城市活断层探测与地震危害性评估工作，确定活动断层的准确位置，评估预测活断层未来发生破坏性地震的可能性和危害性，对城市新建重要工程、生命线工程、易产生次生灾害工程的选址，科学合理地制定城市规划和确定工程抗震设防要求，减轻城市地震灾害，具有重要意义。

4 震时造成房屋破坏的因素

房屋破坏程度首先与地震本身有关，地震震级大小、离震中远近、震源的深浅，是影响房屋破坏程度的因素；其次与房屋建设的质量，包括其结构是否合理、施工质量是否到位等有关；再次与建筑物所在地的场地条件有关，如场地土质的坚硬程度、覆盖层的深度、局部地形情况等等。

5 建房选址应考虑的因素

新疆乌恰县县城曾经建在古河床上，由于地层松软，这个县城多次遭受地震破坏，直到1985年被一次7.4级地震夷为平地。吸取历史教训后，新疆乌恰县城迁移到了地基比较稳定的地带。新县城在1990年4月17日6.4级地震和2008年10月5日6.8级地震中经受住了考验，安然无恙。这个事例说明，科学的建筑选址对于减轻地震灾害是至关重要的。

为了提高抗震性能，选择建设场地必须考虑房屋所在地段地下较深土层的组成情况、地基土壤的软硬、地形和地下水的深浅等。以下场地不利于建筑物抗震，是不适合建房的：

（1）活动断层及其附近地区；

（2）饱含水的松砂层、软弱的淤泥层、松软的人工填土层；

（3）古河道、旧池塘和河滩地；

（4）容易产生开裂、沉陷、滑移的陡坡、河坎；

（5）细长突出的山嘴、高耸的山包或三面临水田的台地等。

6 建房应考虑的抗震基本原则

据统计，世界上130次曾经造成大量人员伤亡的巨大地震灾害中，95%以上的伤亡是因建筑物倒塌造成的。因此，针对当地可能出现的地震灾害，把建筑物尽量盖结实非常重要。

为了房屋安全，在**建房**的时候至少要考虑以下**基本原则**：房屋平面布置要力求与主轴对称；地基要进行必要的加固处理；结构要力求匀称，构件要联成整体；要设置圈梁、构造柱；横墙应密些，尽量少开洞，屋顶与墙体应连成整体；建筑材料要力求比重轻、强度大，并富有韧性。

对于已建成但抗震性能不强的建筑，应该认真进行抗震加固。

比如，唐山地震时，唐山发电设备厂由于事先用40吨钢材加固了全厂64座主要建筑，地震时没有一个车间倒塌，设备完好无损，仅用3天就全面恢复生产。与它毗邻的某重型机械厂，因没有进行抗震加固，地震时破坏严重，停产了半年，修复时用了700吨钢材。

这个事例生动地说明了进行抗震加固的重要性。

打牢地基

设置圈梁

砌体砂浆要达到标号

预制板钢筋要焊接联结

第五章 防灾宣传与避险救助

1 防震减灾宣传的重要性

增强民众防震减灾意识，是减轻地震灾害影响的重要和有效途径。长期以来，我国缺乏必要的防震减灾教育资源和教育环境，公众防震减灾意识很淡薄，房舍抗震能力薄弱，民众缺乏地震应急知识和能力，这些问题在“5•12”汶川大地震中带给了我们很多沉痛的教训。

因此，创建防震减灾科普教育基地，建设地震安全社区，在中小学校开展防震减灾科普教育活动，增强全社会防震减灾意识，提高民众的地震应急避险能力和自救互救的技能，进而使全社会科学、有效地防御地震灾害，提高全社会应对地震突发灾害的能力，是非常必要的。

防震减灾科普教育基地，是防灾宣传的固定阵地，可选择能发挥宣传效果的场所，如科教文化场馆、科教名人纪念馆、文化旅游景区、具备一定条件的各类学校和科研机构、地震遗迹遗址、地震观测台站、现代化地震监测中心和地震应急指挥中心等单位或机构，指导它们主动承担和开展防震减灾科普教育和宣传工作，让防灾宣传更贴近民众，取得更好的社会效益。

社区是做好防震减灾工作的基本单元。开展地震安全社区创建活动，主要是通过科学的抗震设防与加固，完善社区地震应急预案、建设应急避险场所、组建地震应急救援志愿者队伍等措施，开展防震减灾宣传教育、组织社区居民积极参与防震减灾活动和应急演练等活动，以不断提高社区居民的防震减灾意识和防震避震、自救互救技能，增强全市社区防震减灾综合能力，最大限度地减轻地震灾害损失。

在中小学校开展创建防震减灾科普学校活动中，主要是紧密围绕课堂和课外学习，建立防震减灾科普教育课外兴趣活动小组，通过开展科技竞赛、科技夏令营、兴趣小组等课外、校外活动，对青少年进行防震减灾基础科学知识、地震自救和紧急避险技能的教育，培养他们对防震减灾意识和向社会开展“二次宣传”的能力。通过在中小学开展防震减灾宣传教育，达到“教育一个孩子，影响一个家庭，带动整个社会”的目的。

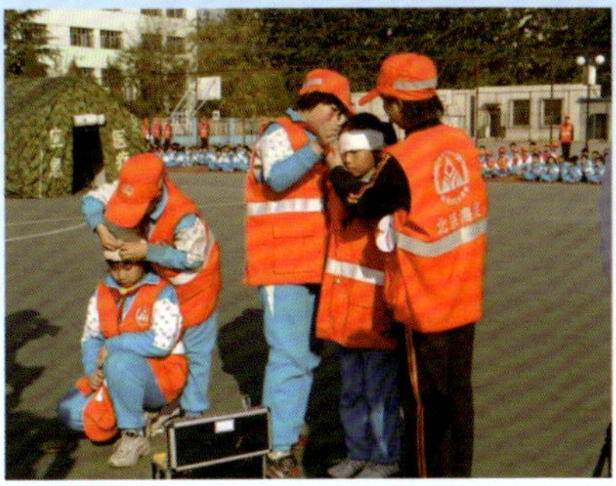

2 防震演习的作用

防震演习是一种大众化的、大覆盖面的、高效能的防震减灾对策知识宣传和模拟避险救灾的演练。通过防震演习，一方面使广大人民群众了解并掌握防灾、避震、脱险及相互救治的知识和本领，了解并掌握有效减少次生灾害的常识和措施，提高全社会的防灾意识，增强对灾害的承受能力和抗御能力。另一方面，通过防震演习，提高政府的组织指挥能力、各部门的协调配合能力和专业队伍的救灾能力。一旦地震发生，各岗位人员都能熟练地采取相应的紧急对策措施，实施自救互救和修复交通、通讯、供水、供电工程，最大限度地减轻地震灾害，确保社会稳定。

3 家庭如何做好防震准备

树立“宁可千日不震，不可一日不防”的震情观念，每个家庭要根据自家的实际情况制订防震避震计划，为震时自救和互救创造条件。家庭防震的重点，主要是保证震时和震后有条不紊地进行家庭的防震救灾，可采取以下措施：

（1）学习地震知识，掌握科学的自防自救方法。

（2）约定遇到灾害后，全家人汇集的地点。

（3）确定避震地点和疏散路线。

（4）加固室内家具。

（5）落实防火措施，防止炉子、煤气炉等震时翻倒；家中易燃物品要妥善保管；学习必要的防火、灭火知识。

（6）学会并掌握基本的医疗救护技能，如心肺复苏、止血、包扎、搬运伤员和护理方法等。

（7）适时进行家庭应急演习，以发现弥补避震措施中的不足之处和正确识别地震谣传。

（8）准备必要的应急物品。

4 家中应常备的应急物品

为应对紧急情况，家中应备有防震应急包，主要放置重要物品、证件和生活必需品。

家庭防震应急包参考配置

类别	要求和标准
水	不可缺少，非常重要！瓶装矿泉水或自己灌装的饮用水（及时更换）
食品	1～2天食品，如干果、饼干、罐头、巧克力等（按保质期及时更换）
常用药物和急救用品	消毒纱布和绷带、胶布（带）、创可贴、消炎药、扑热息痛、黄连素等常用药；食盐、体温计、小块肥皂、剪刀、小刀、别针、卫生纸等物品。常用药品最好装在密封的容器内。液体药物应密封在容器内，外加塑料袋封好
手电筒和应急灯	最好是高能碱性电池（要及时更换）
收音机	袖珍收音机及备用电池，以收听震情及救灾情况
塑料布、塑料袋	塑料布、塑料袋可防潮保温，小塑料袋可处理人体废弃物
优质手套	自救、互救时使用
哨子	吹哨子可以帮助救援人员发现你
工具	钳子、改锥等，在自救、互救时使用
其他必备用品	纸、笔、邮票；重要的通讯簿；重要证件的复印件；血型证明；适量现金

5 防震避震要点

唐山等大地震的事实告诉我们，当强烈地震发生时，在房倒屋塌前的瞬间，仍然存在着生的机遇与希望——大震预警现象、预警时间、避震空间的存在，是人们震时能够自救求生的条件。据对唐山地震中974位幸存者的调查，有258人采取了应急避震行为，其中188人获得成功，安全脱险，成功者占采取避震行为者的72.9%。

像唐山地震这么惨烈的灾难人们都有逃生的希望，对于那些破坏力相对较弱的地震，我们更有理由相信，只要掌握了一定的避震知识，临震不慌，沉着应对，可以成功地自我保护。

（1）保持镇定，不慌乱。有常识的人，可判断远震还是近震，大震还是小震。

（2）摇晃时立即关火，失火立即灭火。平时就要养成即便是小的地震也关火的习惯。

（3）采取正确的姿势。

趴下，使身体重心降到最低，脸朝下，不要压住口鼻，以利呼吸；

蹲下或坐下，尽量蜷曲身体；

抓住身边牢固的物体，以防摔倒或因身体移位，暴露在坚实物体外而受伤。

（4）保护身体重要部位。

保护头颈部：低头，用手护住头部和后颈；有可能时，用身边的物品，如枕头、被褥等顶在头上；

保护眼睛：低头、闭眼，以防异物伤害；

保护口、鼻：有可能时，可用湿毛巾捂住口、鼻，以防灰土、毒气。

（5）避免其他伤害。

不要随便点明火，因为空气中可能有易燃易爆气体充溢。

要避开人流，不要乱挤乱拥。无论在什么场合——街上、公寓、学校、商店、娱乐场所等，都要这样。因为拥挤中不但不能脱离险境，反而可能因跌倒、踩踏、碰撞等而受伤。

6 不同场合的避震要领

震时是跑还是躲，经常引发人们的争议。目前多数专家普遍认为：震时就近躲避，震后迅速撤离到安全的地方，是应急避震较好的办法。

（1）若在平房或底层，室外比较空旷时，则可力争跑出室外避震。
（2）室内（楼房），躲在结实、不易倾倒、能掩护身体的物体下或物体旁；开间小、有支撑的地方。
（3）行驶的电（汽）车内避震要领：
抓牢扶手，以免摔倒或碰伤；
降低重心，躲在座位附近；
地震过去后再下车。
（4）户外避震要领：

避开高大建筑物或构筑物如楼房，特别是有玻璃幕墙的建筑，过街桥、立交桥，高烟囱、水塔下；避开危险物、高耸或悬挂物，变压器、电线杆、路灯等，广告牌、吊车等。
避开其他危险场所如狭窄的街道，危旧房屋、危墙，女儿墙、高门脸、雨篷下，砖瓦、木料等物的堆放处。
（5）野外避震要领：

避开山边的危险环境如山脚、陡崖，以防山崩、滚石、泥石流等；避开陡峭的山坡、山崖，以防地裂、滑坡等。
躲避山崩、滑坡、泥石流：遇到山崩、滑坡，要向垂直与滚石前进方向跑，切不可顺着滚石方向往山下跑；也可躲在结实的障碍物下，或蹲在地沟、坎下；特别要保护好头部。

7 自救互救至关重要

时间就是生命。大地震的救灾过程表明，灾民的自救互救能最大限度地赢得时间，挽救生命。例如，1976年唐山7.8级地震后，唐山市区（不包括郊区和矿区）的70多万人中，约有80%～90%，即60多万人，被困在倒塌的房屋内，而通过市民和当地驻军的努力，80%以上的被埋压者获救。灾民的自救与互救使数以十万计的人死里逃生，大大降低了伤亡率。

8 地震后被困者保护自己的要领

若震后被困于建筑物中，要尽量保护好自己，树立生存的信心，在等待救援的同时，采取一定措施。

★ 沉住气，相信一定会有人来救你。

★ 保持呼吸畅通，尽量挪开脸前、胸前的杂物，清除口、鼻附近的灰土。

★ 设法避开身体上方不结实的倒塌物、悬挂物。

★ 闻到煤气及有毒异味或灰尘太大时，设法用湿衣物捂住口、鼻。

★ 搬开身边可移动的杂物，扩大生存空间。

★ 设法用砖石、木棍等支撑残垣断壁，以防余震时进一步被埋压。

★ 设法与外界联系。仔细听听周围有没有人，听到人声时敲击铁管、墙壁，发出求救信号。

★ 与外界联系不上时，可试着寻找通道。观察四周有没有通道或光亮；分析、判断自己所处的位置，从哪儿有可能脱险；试着排开障碍，开辟通道。

★ 若开辟通道费时过长、费力过大或不安全时，应立即停止，以保存体力。

★ 如果受伤，要想办法包扎。

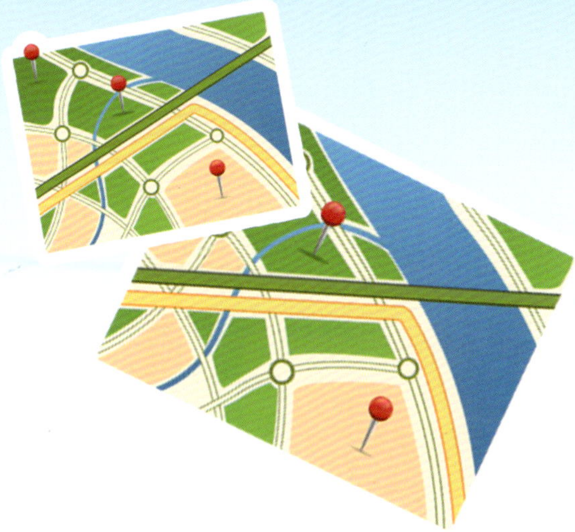

北京市地震局
北京市科学技术委员会

北京市科学技术委员会
科普专项资助

ISBN 978-7-5028-4348-9
9 787502 843489 >
定价：10.00元